Mukilarasan Nedunchezhiyan

Refrigeração e ar condicionado

Mukilarasan Nedunchezhiyan

Refrigeração e ar condicionado

R290 como substituto do R134a em sistemas de refrigeração de câmaras frigoríficas

ScienciaScripts

Imprint

Any brand names and product names mentioned in this book are subject to trademark, brand or patent protection and are trademarks or registered trademarks of their respective holders. The use of brand names, product names, common names, trade names, product descriptions etc. even without a particular marking in this work is in no way to be construed to mean that such names may be regarded as unrestricted in respect of trademark and brand protection legislation and could thus be used by anyone.

Cover image: www.ingimage.com

This book is a translation from the original published under ISBN 978-620-7-99782-4.

Publisher:
Sciencia Scripts
is a trademark of
Dodo Books Indian Ocean Ltd. and OmniScriptum S.R.L publishing group

120 High Road, East Finchley, London, N2 9ED, United Kingdom
Str. Armeneasca 28/1, office 1, Chisinau MD-2012, Republic of Moldova, Europe
Printed at: see last page
ISBN: 978-620-7-99137-2

RESUMO

Este estudo examina o potencial da utilização de propano (R290) como fluido frigorigéneo alternativo ao R134a em sistemas de armazenamento a frio. O R290 oferece benefícios ambientais devido ao seu potencial nulo de destruição da camada de ozono (ODP) e ao seu baixo potencial de aquecimento global (GWP). Através de análises experimentais, incluindo avaliações de desempenho e segurança, a adequação do R290 é avaliada. Os resultados iniciais indicam um desempenho comparável ou superior em termos de capacidade de arrefecimento e eficiência energética em comparação com o R134a. Medidas de segurança eficazes, como sistemas de deteção de fugas e equipamento à prova de explosão, atenuam os riscos associados à inflamabilidade do R290. A transição para o R290 poderia reduzir significativamente o impacto ambiental, mantendo a eficiência da refrigeração. No entanto, é necessária mais investigação para resolver as questões de segurança e promover a adoção generalizada.

ÍNDICE DE CONTEÚDOS

LISTA DE SÍMBOLOS E ABREVIATURAS

CFC	-	Chlorofluorocarbon
COP	-	Coefficient of Performance
CP	-	Compressor Power kW
h	-	Enthalpy kJ/kg
T_{evap}	-	Evaporating Temperature K
GWP	-	Global Warming Potential
HCM	-	Hydro Carbon Mixture
HC	-	Hydrocarbon
HCFC	-	Hydro chlorofluorocarbon
HFC	-	Hydrofluorocarbon
ODS	-	Ozone Depleting Substance
ODP	-	Ozone Depletion Potential
P	-	Pressure
RC	-	Refrigerating Capacity kW
RE	-	Refrigerating Effect kJ/kg
T	-	Temperature

1. INTRODUÇÃO

Os sistemas de refrigeração são essenciais para uma variedade de aplicações, desde a refrigeração doméstica aos processos de arrefecimento industrial. Funcionam com base no princípio da remoção de calor de um determinado espaço ou substância, baixando assim a sua temperatura e mantendo-a abaixo da temperatura ambiente. A refrigeração envolve a transferência de calor de uma região de temperatura mais baixa para uma região de temperatura mais alta. Este processo é contrário à direção natural do fluxo de calor e requer trabalho externo, normalmente realizado por meios mecânicos, químicos ou termoeléctricos. Os sistemas de refrigeração são grandes consumidores de energia e, historicamente, têm utilizado refrigerantes nocivos para o ambiente, como os CFC e os HCFC. Os sistemas modernos utilizam cada vez mais fluidos frigorígeneos mais ecológicos e são concebidos para serem mais eficientes em termos energéticos, de modo a reduzir a sua pegada ambiental. Compreender os sistemas de refrigeração é crucial para melhorar a eficiência energética, reduzir o impacto ambiental e aumentar a eficácia das aplicações sensíveis à temperatura. No mundo de hoje, a indústria de refrigeração enfrenta uma pressão crescente para adotar práticas mais ecológicas devido às preocupações com as alterações climáticas e a destruição da camada de ozono. Os refrigerantes desempenham um papel fundamental nos sistemas de armazenamento a frio, onde a manutenção de baixas temperaturas é essencial para a conservação de produtos perecíveis. No entanto, muitos refrigerantes tradicionais, como o R134a, contribuem para as emissões de gases com efeito de estufa e foram identificados como substâncias que empobrecem a camada de ozono .

Em resposta a estes desafios ambientais, existe um interesse crescente em explorar refrigerantes alternativos com menor potencial de aquecimento global (GWP) e potencial de destruição do ozono (ODP). Uma dessas alternativas é o R290, também conhecido como propano. O R290 é um fluido frigorígeneo hidrocarboneto que ganhou atenção pelas suas excelentes propriedades termodinâmicas e impacto ambiental mínimo. Com um GWP de 3 e zero ODP, o R290 oferece uma solução promissora para reduzir a pegada de carbono dos sistemas de refrigeração. A transição para o R290 em sistemas de refrigeração de câmaras frigoríficas tem o potencial de reduzir significativamente as emissões de gases com efeito de estufa e mitigar o impacto ambiental das operações de refrigeração. No entanto, a adoção generalizada do R290 enfrenta vários desafios, incluindo preocupações relacionadas com a inflamabilidade e a segurança. Embora o R290 seja classificado como uma substância altamente inflamável, os avanços nas normas de segurança e na tecnologia tornaram possível gerir os riscos associados à sua utilização em aplicações de refrigeração.

Este estudo experimental tem como objetivo explorar a viabilidade do R290 como substituto do R134a em sistemas de refrigeração de câmaras frigoríficas. Ao efetuar uma análise abrangente do desempenho, da eficiência e das características de segurança do R290, esta investigação procura fornecer informações valiosas sobre a praticidade e a viabilidade da transição para o R290 em instalações de armazenagem frigorífica. Os objectivos do estudo incluem.

1. Avaliar as propriedades termodinâmicas do R290 e compará-las com as do R134a.

2. Investigar o desempenho dos sistemas de refrigeração baseados no R290 em termos de capacidade de refrigeração, eficiência energética e estabilidade da temperatura.

3. Avaliar as implicações de segurança da utilização do R290 em ambientes de armazenamento a frio e identificar medidas adequadas de mitigação dos riscos.

4. Analisar o impacto ambiental dos sistemas de refrigeração R290 através de avaliações do ciclo de vida e compará-los com os sistemas que utilizam refrigerantes tradicionais.

Ao abordar esses objectivos, o estudo pretende contribuir para o conjunto de conhecimentos sobre tecnologias de refrigeração sustentáveis e fornecer orientações valiosas às partes interessadas da indústria que procuram fazer a transição para fluidos frigorigéneos mais ecológicos. Em última análise, os resultados desta investigação têm o potencial de informar as decisões políticas, impulsionar a inovação tecnológica e promover a adoção do R290 em aplicações de armazenagem frigorífica, facilitando assim a transição para uma indústria de refrigeração mais sustentável e ecológica.

1.1 SOBRE O FLUIDO FRIGORIGÉNEO ALTERNATIVO

Os fluidos frigorigéneos alternativos referem-se a substâncias utilizadas em sistemas de refrigeração como substitutos dos fluidos frigorigéneos tradicionais com elevado potencial de aquecimento global (GWP) e potencial de destruição do ozono (ODP). Estas alternativas têm como objetivo reduzir o impacto ambiental, mantendo ou melhorando o desempenho do sistema.

1.2 NECESSIDADE DE REFRIGERANTE ALTERNATIVO

Os refrigerantes são cruciais para várias aplicações de refrigeração, desde frigoríficos domésticos a sistemas de ar condicionado industriais. Historicamente, os clorofluorocarbonetos (CFC) e os hidroclorofluorocarbonetos (HCFC) eram amplamente utilizados devido às suas excelentes propriedades termodinâmicas. No entanto, o seu elevado potencial de destruição da camada de ozono (ODP) e o potencial de aquecimento global (GWP) levaram à procura de refrigerantes alternativos. Aqui, exploramos vários fluidos frigorigéneos alternativos, centrando-nos no seu impacto ambiental, eficiência e considerações práticas.

1.2.1 Hidrofluorocarbonetos (HFC)

Os HFC, como o R-134a, o R-410A e o R-32, têm sido alternativas proeminentes aos CFC e
HCFCs. Têm um ODP nulo, o que os torna mais seguros para a camada de

ozono. No entanto, continuam a ter um GWP significativo, contribuindo para as alterações climáticas. Por exemplo, o R-134a tem um GWP de 1430, enquanto o R-410A tem um GWP de 2088. Estes fluidos frigorigéneos oferecem eficiências semelhantes às dos seus antecessores e são relativamente simples de reequipar em sistemas existentes. No entanto, o seu elevado PAG levou à adoção de medidas regulamentares como a Emenda de Kigali ao Protocolo de Montreal, que insta a uma redução progressiva dos HFC.

1.2.2 Hidrofluoroolefinas (HFOs)

Os HFOs, como o R-1234yf e o R-1234ze, estão a emergir como alternativas promissoras devido ao seu baixo GWP (normalmente inferior a 1). Têm também um ODP nulo, o que os torna amigos do ambiente. Os HFOs são adequados para uma série de aplicações, incluindo o ar condicionado automóvel e a refrigeração comercial. Embora a sua eficiência seja comparável à dos HFC, os HFO podem ser ligeiramente inflamáveis, exigindo um manuseamento cuidadoso e medidas de segurança específicas durante a sua utilização e armazenamento.

1.2.3 Refrigerantes naturais

Os refrigerantes naturais como o amoníaco (NH3), o dióxido de carbono (CO2) e os hidrocarbonetos (por exemplo, propano e isobutano) estão a ganhar popularidade devido ao seu GWP e ODP insignificantes.

Amoníaco (R-717)

O amoníaco é um excelente fluido frigorigéneo para grandes sistemas industriais devido à sua elevada eficiência energética e baixo GWP. Tem sido utilizado há mais de um século, demonstrando a sua fiabilidade. No entanto, o amoníaco é tóxico e pode ser inflamável em determinadas concentrações, exigindo protocolos de segurança rigorosos.

Dióxido de carbono (R-744)

O CO2 é um fluido frigorigéneo natural com um GWP de 1 e zero ODP. Não é tóxico e não é inflamável, o que o torna uma alternativa segura. O CO2 é particularmente eficaz em sistemas transcríticos em que estão envolvidas temperaturas ambiente elevadas, como a refrigeração de supermercados e bombas de calor. As suas elevadas pressões de funcionamento requerem projectos de sistemas robustos, o que pode aumentar os custos iniciais.

Hidrocarbonetos (HCs)

Os hidrocarbonetos como o propano (R-290) e o isobutano (R-600a) são excelentes fluidos frigorigéneos para aplicações de pequena escala, como frigoríficos domésticos e pequenas unidades de ar condicionado. Têm GWPs muito baixos e zero ODP. Os hidrocarbonetos são altamente eficientes e estão amplamente disponíveis. No entanto, a sua inflamabilidade exige uma consideração cuidadosa na conceção e manutenção do sistema para garantir a segurança.

1.3 SELECÇÃO DE REFRIGERANTES

A seleção dos fluidos frigorigéneos é um aspeto crítico da conceção e funcionamento dos sistemas de refrigeração e ar condicionado. Os fluidos frigorigéneos são substâncias utilizadas em bombas de calor e ciclos de refrigeração para transferir calor de um local para outro. Ao longo dos anos, foram desenvolvidos vários fluidos frigorigéneos, cada um com propriedades únicas que os tornam adequados para diferentes aplicações. A escolha do fluido frigorigéneo depende de vários factores, incluindo o impacto ambiental, a eficiência, a segurança e as considerações regulamentares. A seleção de fluidos frigorigéneos é um ato de equilíbrio entre a sustentabilidade ambiental, a eficiência, a segurança e a conformidade regulamentar. A transição dos CFCs e HCFCs para os HFCs, e agora para os HFOs e os fluidos frigorigéneos naturais, reflecte a evolução contínua da indústria no sentido de dar resposta às preocupações ambientais, mantendo o desempenho e a segurança do sistema. À medida que a tecnologia avança e os regulamentos se tornam mais rigorosos, o panorama dos fluidos frigorigéneos continuará a evoluir, dando prioridade a opções eficientes e amigas do ambiente.

1.3.1 Factores que influenciam a seleção do refrigerante

Impacto ambiental - Potencial de destruição do ozono (ODP): Preferência por refrigerantes com ODP zero para proteger a camada de ozono. Potencial de aquecimento global (GWP): Seleção de refrigerantes com baixo GWP para minimizar o impacto climático.

Eficiência - Os refrigerantes com elevada eficiência energética ajudam a reduzir os custos operacionais e o consumo de energia. O coeficiente de desempenho (COP) é uma métrica fundamental.

Segurança - Os fluidos frigorigéneos não tóxicos são preferíveis para aplicações que envolvam a ocupação humana. Os fluidos frigorigéneos não inflamáveis ou de baixa inflamabilidade são mais seguros, mas podem exigir compromissos em termos de eficiência ou impacto ambiental.

Conformidade regulamentar - A conformidade com regulamentos como o Protocolo de Montreal, o Regulamento relativo aos gases fluorados na UE e outras leis regionais é obrigatória. A seleção de fluidos frigorigéneos que provavelmente permanecerão em conformidade com os regulamentos futuros pode reduzir os custos e as complicações a longo prazo.

Considerações económicas - O custo do próprio fluido frigorigéneo e as modificações do sistema necessárias para a sua utilização devem ser considerados. Os fluidos frigorigéneos prontamente disponíveis garantem uma manutenção e assistência técnica fáceis.

1.4 REFRIGERAÇÃO

A refrigeração pode ser definida como o processo de remoção de calor de uma substância em condições controladas. Inclui também o processo de redução e manutenção da temperatura de um corpo abaixo da temperatura geral do meio envolvente. Num frigorífico, o calor é virtualmente bombeado de uma temperatura baixa para uma temperatura mais elevada. De acordo com a II e a lei da termodinâmica, este processo só pode ser efectuado com a ajuda de algum trabalho externo. É, portanto, óbvio que o fornecimento de energia é regularmente necessário para o funcionamento de um frigorífico. Teoricamente, um frigorífico é um motor térmico invertido que bombeia o calor de um corpo frio e o fornece a um corpo quente. A substância que funciona numa bomba para extrair o calor de um corpo frio e entregá-lo a um corpo quente é conhecida como refrigerante.

O desempenho de um #refrigerador é expresso pela relação entre a quantidade de calor retirada do corpo frio (Q1) e a quantidade de trabalho necessário para realizar o sistema (WR). Este rácio é designado por coeficiente de desempenho. Matematicamente, o coeficiente de desempenho de um frigorífico,

C.O.P = Q1/WR =Q1/ (Q2 - Q1)

1.4.1 TIPOS DE REFRIGERAÇÃO

1. Refrigeração não cíclica

2. Refrigeração cíclica

- Refrigeração por absorção de vapor

- Refrigeração por compressão de vapor

- Refrigeração a gás

3. Refrigeração termoeléctrica

4. Refrigeração magnética

O sistema VCR é amplamente utilizado, uma vez que o seu COP é muito elevado em comparação com os restantes métodos. O ciclo VCR está muito próximo do ciclo de Carnot invertido. Os restantes métodos são utilizados de acordo com a aplicação.

1.5 SISTEMA DE REFRIGERAÇÃO EXPERIMENTAL SISTEMA DE REFRIGERAÇÃO POR COMPRESSÃO DE VAPOR

Os componentes básicos do sistema VCR são apresentados na figura, que consiste num evaporador, compressor, condensador e válvula de expansão.

Primeiro, o vapor refrigerante de baixa pressão e temperatura do evaporador é puxado para o compressor através da válvula de entrada, onde é comprimido a uma pressão e temperatura elevadas. Este vapor refrigerante de alta pressão e temperatura é descarregado no compressor através da válvula de descarga. O vapor de refrigerante a alta pressão e temperatura entra no condensador e condensa o refrigerante líquido a alta pressão e baixa temperatura na saída do condensador. A válvula de expansão é convertida em refrigerante líquido de baixa pressão e baixa temperatura que entra no evaporador. O sistema VCR é o rácio entre o efeito de refrigeração líquido (NRE) e o (Wc); por conseguinte, o COP é aumentado através do aumento do efeito de refrigeração líquido e da diminuição do trabalho de compressão.

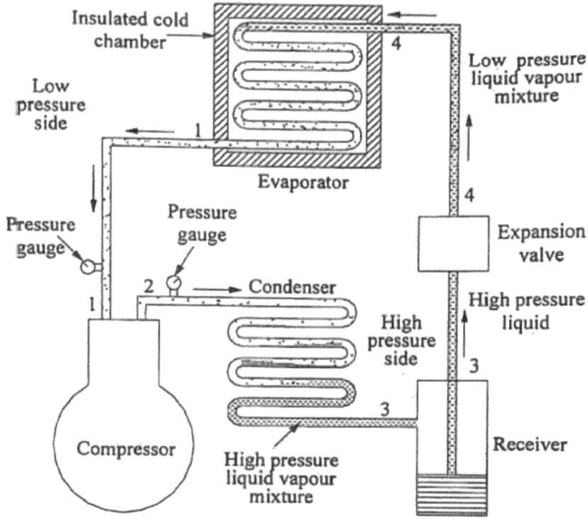

Fig1.1 Sistema de refrigeração por compressão de vapor

O sistema de refrigeração por compressão de vapor é composto por quatro processos

1. Compressão isentrópica num compressor

2. Rejeição de calor a pressão constante num condensador

3. Aceleração num dispositivo de expansão

4. Absorção de calor a pressão constante num evaporador

1. Compressão isentrópica:

Num ciclo de refrigeração por compressão de vapor ideal, o refrigerante entra no compressor no estado 1 como vapor saturado e é comprimido isentropicamente até à pressão do condensador. A temperatura do refrigerante aumenta durante a compressão. O processo de compressão isentrópica está muito acima da temperatura do meio circundante.

2. Rejeição de calor a pressão constante:

O refrigerante entra então no condensador como vapor superaquecido no estado 2 e sai como líquido saturado no estado 3, como resultado da rejeição de calor para o ambiente. A temperatura do refrigerante neste estado ainda está acima da temperatura do ambiente. O refrigerante líquido condensado do condensador é armazenado num recipiente conhecido como recetor, a partir do qual é fornecido à válvula de expansão e depois ao evaporador.

3. Aceleração:

O refrigerante líquido saturado no estado 3 é estrangulado para a pressão do evaporador, passando-o através de uma válvula de expansão ou tubo capilar. A temperatura do refrigerante cai abaixo da temperatura do espaço refrigerado durante este processo. Parte do refrigerante líquido evapora-se ao passar pela válvula de expansão.

4. Absorção de calor a pressão constante:

O refrigerante entra no evaporador no estado 4 por intermitência e alguma quantidade de refrigerante torna-se vapor. Ao passar pelo evaporador, absorve calor do espaço refrigerado e transforma-se em vapor, entrando no compressor e, assim, o ciclo repete-se. O gráfico mais conveniente para estudar o comportamento de um refrigerante é o gráfico P-H. No gráfico P-H existem três estados: líquido, sólido e vapor. A explicação do gráfico é que as linhas verticais são representadas pela pressão e as linhas horizontais são representadas pela entalpia. Na carta P-H são traçadas algumas linhas importantes. A linha de saturação de líquido e a linha de saturação de vapor encontram-se numa curva no ponto crítico. Uma linha de temperatura de saturação de líquido é igual às diferentes pressões de saturação. O lado esquerdo da linha de líquido saturado é a região do líquido sub-arrefecido. O espaço entre a linha de líquido e a linha de vapor é designado por região de vapor húmido e à direita da linha de vapor saturado é uma região de vapor sobreaquecido.

1.6 ANÁLISE DE VCRS COM DIAGRAMA P-h

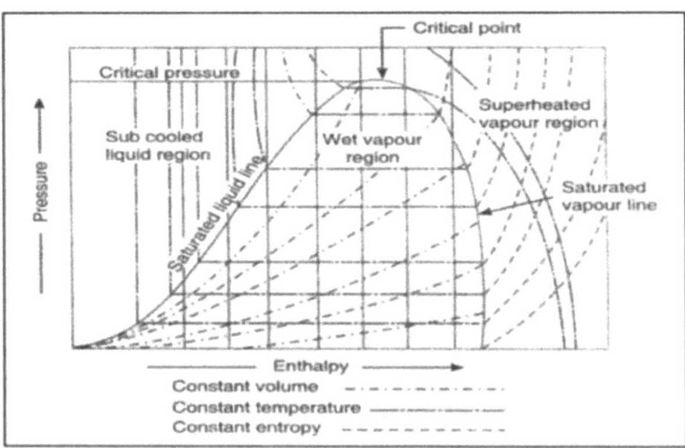

Fig 1.2 DIAGRAMA P-h do VCRS

O diagrama Pressão-Entalpia (P-h) do Sistema de Refrigeração por Compressão de Vapor está representado na figura. A análise é efectuada utilizando a equação da energia de fluxo constante.

1. Processo de compressão:

A baixa pressão P1 e a temperatura T1 do vapor de refrigerante são comprimidas isentropicamente. Para a compressão adiabática ou isentrópica reversível de 1 kg de vapor, o trabalho do compressor por kg de entrada é dado por

Wc = (h2-h1) kJ/kg

Onde, Wc = trabalho do compressor

h1= entalpia do vapor de refrigerante na sucção do compressor. h2= entalpia do vapor de refrigerante na descarga do compressor

1 Processo de condensação:

A alta pressão (P1) e a alta temperatura (T1) do vapor de refrigerante do compressor passam através do condensador onde é completamente condensado a uma pressão (P2) e temperatura (T2) constantes. O vapor de refrigerante é transformado em refrigerante líquido.

Onde,

q = h2- h 3 (kJ/kg)

h2= entalpia do vapor refrigerante sobreaquecido à saída do compressor (kj/kg).

h3 = entalpia do líquido refrigerante saturado à saída do condensador (kj/kg).

q = calor rejeitado no condensador.

3. Processo de expansão

A alta pressão e a baixa temperatura do refrigerante líquido entra no valor de expansão e converte-se em baixa pressão e baixa temperatura do refrigerante líquido, entrando depois no evaporador. O processo de expansão, a pressão P2 e a pressão P3 são iguais e as temperaturas T2 e T3 também são iguais, é expandido pelo processo de expansão através da válvula de expansão para uma pressão baixa P4 é igual a P1 e a temperatura T1 é igual a T4. Durante o processo de estrangulamento, nenhum calor é absorvido ou rejeitado pelos refrigerantes líquidos. h3=h4

Onde,

h3= entalpia do refrigerante líquido saturado à saída do condensador. (kj/kg) h4 = entalpia do refrigerante à entrada do evaporador. (kJ/kg)

2   Processo de vaporização

A mistura líquido-vapor do refrigerante à pressão P4=P1 e à temperatura T4=T1 é evaporada e transformada em vapor de refrigerante a pressão e temperatura constantes. Durante a evaporação, o vapor líquido do fluido frigorigéneo absorve o calor latente de vaporização do meio (ar, água ou salmoura) que vai ser arrefecido. Este calor absorvido pelo refrigerante é designado por efeito de refrigeração e escreve-se RE. O processo de vaporização continua até ao ponto 1, que é o ponto de partida, e assim se completa o ciclo.

O efeito refrigerante do calor absorvido ou extraído pelo vapor de refrigerante durante a evaporação por kg de refrigerante é dado por

RE= h1 - h4

h1=Entalpia do vapor do refrigerante na aspiração do compressor. (kJ/kg) h4 = entalpia do refrigerante à entrada do evaporador. (kJ/kg)

Pode ser notado no ciclo que o refrigerante de vapor líquido extraiu calor durante a evaporação e o trabalho será feito pelo compressor para compressão isentrópica do refrigerante de vapor de alta pressão e temperatura. Coeficiente de desempenho:

COP= EFEITO DE REFRIGERAÇÃO / TRABALHO EFECTUADO

1.7 AQUECIMENTO GLOBAL - PAPEL DOS FLUIDOS FRIGORIGÉNEOS

O aquecimento global é uma questão ambiental premente que tem atraído uma atenção significativa devido ao seu potencial para causar impactos graves e irreversíveis no planeta. Um dos factores menos discutidos que contribuem para o aquecimento global é o papel dos refrigerantes, que são substâncias utilizadas nos sistemas de ar condicionado, refrigeração e bombas de calor para absorver e libertar calor. Compreender o impacto dos fluidos frigorigéneos no aquecimento global implica examinar as suas propriedades, a sua utilização e as medidas que estão a ser tomadas para mitigar a sua pegada ambiental.

O papel dos refrigerantes

Os refrigerantes são cruciais para o conforto moderno e para a conservação dos alimentos. No entanto, muitos dos fluidos frigorigéneos normalmente utilizados são gases com efeito de estufa potentes (GEE) com um elevado potencial de aquecimento global (GWP). O GWP é uma medida da quantidade de calor que um GEE retém na atmosfera durante um período de tempo específico, normalmente 100 anos, em comparação com o dióxido de carbono (CO_2). Os fluidos refrigerantes comuns, como os clorofluorocarbonetos (CFC), os hidroclorofluorocarbonetos (HCFC) e os hidrofluorocarbonetos (HFC) têm GWP milhares de vezes superiores ao CO_2.

Contexto histórico e impacto ambiental

Os CFC e os HCFC foram amplamente utilizados em meados do século XX devido à sua estabilidade e eficiência. No entanto, verificou-se que empobreciam a camada de ozono, o que levou ao Protocolo de Montreal em 1987, que obrigava à eliminação progressiva destas substâncias. Os HFC foram introduzidos como substitutos porque não empobrecem a camada de ozono. No entanto, os HFC continuam a ter PAGs elevados, o que os torna contribuintes significativos para o aquecimento global.

Tendências e regulamentos actuais

Reconhecendo o impacto ambiental dos HFC, a Emenda de Kigali ao Protocolo de Montreal foi adoptada em 2016, com o objetivo de reduzir gradualmente a utilização de HFC. Espera-se que esta emenda evite até 0,4°C de aquecimento global até ao final deste século. Além disso, a União Europeia e outras regiões implementaram regulamentos rigorosos para reduzir a utilização de fluidos frigorigéneos com elevado PAG e promover alternativas com menor impacto ambiental.

O papel da indústria e da política

A transição para fluidos frigorigéneos com baixo PAG exige esforços coordenados entre a indústria, os decisores políticos e os consumidores. Os fabricantes estão a investir em investigação e desenvolvimento para produzir fluidos frigorigéneos eficientes e amigos do ambiente. Os decisores políticos desempenham um papel crucial ao estabelecerem regulamentos e normas que incentivam a adoção de práticas sustentáveis. Os consumidores também podem contribuir, escolhendo produtos que utilizem fluidos frigorigéneos com baixo PAG e apoiando as empresas que dão prioridade à responsabilidade ambiental.

1.8 REFRIGERANTES AMIGOS DO AMBIENTE

Os fluidos frigoríficos amigos do ambiente, também conhecidos como fluidos frigoríficos naturais, são substâncias utilizadas em sistemas de refrigeração que têm um impacto mínimo no ambiente. Estes fluidos frigoríficos, incluindo o amoníaco (NH_3), o dióxido de carbono (CO_2) e hidrocarbonetos como o propano (C_3H_8) e o isobutano (C_4H_{10}), oferecem uma alternativa ecológica aos tradicionais hidrofluorocarbonetos (HFC) e clorofluorocarbonetos (CFC), conhecidos pelo seu elevado potencial de aquecimento global (GWP) e pelas suas características de destruição da camada de ozono. A utilização de refrigerantes naturais está a ganhar força devido ao seu baixo GWP e ao seu potencial nulo de destruição da camada de ozono (ODP), o que os torna uma escolha sustentável na luta contra as alterações climáticas. O amoníaco, por exemplo, é altamente eficiente e tem sido utilizado há mais de um século na refrigeração industrial. O dióxido de carbono é outra opção viável, conhecido pelas suas excelentes propriedades termodinâmicas e pela sua natureza não tóxica. Os hidrocarbonetos, embora inflamáveis, são eficazes em pequenas unidades de refrigeração e sistemas de ar condicionado devido à sua elevada eficiência e baixo impacto ambiental. A adoção destes fluidos frigorigéneos faz parte de um esforço mais vasto para reduzir as emissões de gases com efeito de estufa e cumprir acordos internacionais como a Emenda de Kigali ao Protocolo de Montreal, que visa reduzir gradualmente a utilização de HFC. A transição para fluidos frigorigéneos naturais implica enfrentar desafios como preocupações de segurança, compatibilidade do sistema e custos iniciais. No entanto, os avanços na tecnologia e o apoio regulamentar estão a ajudar a ultrapassar estas barreiras, abrindo caminho para uma indústria de refrigeração mais sustentável. A mudança para fluidos frigorigéneos amigos do ambiente não só é benéfica para o planeta, como também oferece vantagens económicas a longo prazo, melhorando a eficiência energética e reduzindo os custos operacionais

1.9 QUESTÕES AMBIENTAIS

O objetivo essencial na conceção de sistemas de refrigeração é a sua elevada eficiência. No entanto, devem ser tidas em conta as questões ambientais de segurança e as considerações práticas. Os três índices normalmente utilizados para determinar o efeito dos fluidos frigorigéneos no ambiente são o ODP, o GWP e o TEWI.

1.9.1 Potencial de destruição do ozono

Sabe-se que as moléculas de cloro e bromo reagem com o ozono, tendo assim um dos impactos ambientais mais críticos, devido à destruição da camada de ozono na estratosfera [26]. O índice do Potencial de Destruição do Ozono (ODP) foi criado para definir o quanto uma Substância Destruidora do Ozono (SDO) e o seu composto químico podem destruir a camada de ozono em relação ao efeito da massa equivalente da molécula de triclorofluorometano CFC-11, que foi tomada como padrão do valor de referência. O seu valor de 1 ODP depende do número de átomos de cloro e bromo no interior da molécula e do tempo de vida atmosférica da própria molécula. As substâncias com elevado ODP foram controladas com êxito, no âmbito do Protocolo de Montreal [27]. Um grupo popular de fluidos frigorígeneos introduzido para substituir as ODS foi o grupo dos hidrofluorocarbonetos (HFC) com zero ODP.

1.9.2 Potencial de aquecimento global (GWP)

Quando o mundo discutiu o aquecimento global na década de 1990, os gases refrigerantes foram um dos problemas significativos, uma vez que alguns dos gases absorvem a radiação infravermelha do sol, como o CH_4, ou CO_2 e CFCs, HCFCs e HFCs O índice de aquecimento global é um indicador que mede a quantidade de energia absorvida por um gás em relação ao dióxido de carbono de massa semelhante.

O valor de referência é igual a 1 e indica o calor absorvido pelo dióxido de carbono. O PAG dos fluidos frigorígeneos é calculado ao longo de horizontes temporais de 20, 100 ou 500 anos, sendo o horizonte de 100 anos utilizado em geral. A absorção da radiação infravermelha, o tempo de vida atmosférica do refrigerante e o horizonte temporal considerado são factores que influenciam o PAG. O desequilíbrio climático devido ao aumento das emissões de gases com efeito de estufa, à queima de combustíveis fósseis, ao aumento da procura de aquecimento e ar condicionado e à utilização de diferentes tipos de fluidos frigorígeneos tem um impacto negativo no aquecimento global. As emissões atmosféricas de CO_2 aumentaram devido a estes factores.

2. REVISÃO DA LITERATURA

Foi efectuada uma análise completa da literatura sobre o desempenho de refrigerantes alternativos utilizados em sistemas de refrigeração por compressão de vapor. Isto é feito para conhecer a acessibilidade de diferentes fluidos frigoríficos alternativos ao R134a, que serão adaptados, darão melhor desempenho e, além disso, tratarão das questões ecológicas do aquecimento global e da destruição da camada de ozono.

P. A Domanski e Didion et.al. (2014) Neste efeito, os parâmetros de desempenho são avaliados através da colocação de um permutador de calor de linha de sucção/linha de líquido no sistema básico de refrigeração por compressão de vapor. Examina os parâmetros do ciclo e as propriedades termodinâmicas do refrigerante que determinam se a instalação resulta numa melhoria do COP e da capacidade volumétrica. Como resultado da utilização do permutador de calor linha de sucção/linha de líquido, o refrigerante a alta pressão é sub-arrefecido à custa do sobreaquecimento do vapor que entra num compressor.

A.S. Dalkilic e S. Wong wises et.al (2014), Desenvolveram um novo ciclo com difusor no compressor num sistema VCR utilizando R134a, R152a, R32, R290, R1270, R600 e R600a foi feito para vários rácios como refrigerante para melhorar a exposição do ciclo. Os resultados obtidos indicaram que houve um aumento de 8,6% no coeficiente de execução do novo ciclo de refrigeração a pressão quando comparado com o ciclo de refrigeração a pressão de fumos normal com R134a. O teste mostra que a energia dinâmica adquirida na fonte do ventilador foi transformada em energia de pressão. Além disso, a temperatura e a pressão na fonte do difusor foram aumentadas quando comparadas com as da fonte do ventilador. Por este motivo, ocorre uma diminuição do trabalho do ventilador e o COP da estrutura aumenta.

M. A. Sattaret, et.al (2017) Investigaram e compararam o desempenho do frigorífico utilizando R600a, R600 e uma mistura ternária de R290/R600a/R600 como refrigerantes com o R134a. Foram examinados os impactos das temperaturas do evaporador e do condensador no COP, no impacto da refrigeração, na força do ventilador e na proporção de dispensa de calor. Os resultados mostram que o ventilador consumiu menos 3% e 2% de energia do que o R134a a 28°C de temperatura abrangente quando o R600a e o R600 foram utilizados como refrigerantes separadamente. A força do ventilador e o COP dos hidrocarbonetos e das suas misturas mostram que os hidrocarbonetos podem ser utilizados como refrigerantes no frigorífico doméstico. O COP e outros resultados obtidos das experiências mostram uma indicação positiva da utilização de HC como refrigerantes num frigorífico doméstico. **Dongsoo Jung (2000)** analisou o desempenho de misturas de propano/isobutano (R290/R600a) num frigorífico doméstico. A análise do ciclo termodinâmico mostrou que a mistura de propano/isobutano em porções de 0,2 a 0,6 em massa de propano produziu um aumento de 2,3% no coeficiente de desempenho, quando comparado com o CFC12. As experiências revelaram que a mistura de hidrocarbonetos proposta é um refrigerante adequado para substituir o CFC12/HFC134a do ponto de vista da preservação da energia. Além disso, não requer melhorias adicionais no sistema atual.

Dalkilic et.al (2010) examinaram o desempenho teórico de um sistema de refrigeração por compressão de vapor com diferentes proporções de misturas de refrigerantes HFC134a, HFC152a, HFC32, HC290, HC1270, HC600 e HC600a. Os resultados foram analisados com os refrigerantes convencionais R12, R22 e R134a. Dos resultados experimentais pode dizer-se que os fluidos frigoríficos analisados têm um desempenho (COP) ligeiramente inferior ao dos fluidos frigoríficos convencionais a 50°C de temperatura de condensação.

Navarro Esbri (2013) investigou o desempenho do R1234yf num sistema de refrigeração por compressão de vapor como substituto do R134a. Os testes experimentais foram realizados diferindo a temperatura de condensação, a temperatura de evaporação, o grau de superaquecimento e a velocidade do compressor. Os resultados da experiência revelaram que o R1234yf num sistema de compressão de vapor R134a proporcionou um arrefecimento cerca de 9% inferior ao do R134a na gama experimentada. A temperaturas de condensação mais elevadas, o desempenho do R1234yf foi 19% inferior ao do R134a.

Mahmood Mastani Joybari et.al (2013) efectuaram uma análise exergética para avaliar um frigorífico residencial inicialmente concebido para utilizar 145 g de R134a. Verificou-se que a menor quantidade de destruição de exergia ocorreu no evaporador e no circuito de sobreaquecimento. A quantidade máxima de destruição de exergia ocorreu no compressor e no condensador que o acompanha. Ciro Aprea (2013) realizou uma análise exergética em um ciclo transcrítico com dois sistemas de refrigeração diferentes: R744 e R134a. Os resultados da análise exergética geral revelaram que o sistema com R134a como refrigerante apresentou melhor desempenho na porcentagem incremental de 20% a 44% do que o R744. A análise exergética também foi efectuada para descobrir as perdas exergéticas em componentes individuais do sistema para aumentar a eficiência do sistema R744.

Belman-Flores et.al (2017) construiu uma aplicação de rede neural artificial para mostrar um sistema de refrigeração. O objetivo fundamental é considerar a utilização de energia de três refrigerantes: R134a, R450a e R513a. A utilização da rede neural artificial teve como objetivo a visualização exclusiva de três parâmetros energéticos: o limite de arrefecimento, a utilização de energia e o coeficiente de desempenho, como elemento da temperatura de evaporação e da temperatura de condensação. Concluiu-se que o R450a apresentava uma redução de 10% no limite de arrefecimento em relação ao R134a e, além disso, a utilização de energia era cerca de 10% inferior à dos outros dois refrigerantes. Os resultados revelaram que o R134a e o R513a tiveram os mesmos comportamentos energéticos. Concluiu-se que o R450a e o R513a podem substituir o R134a nas aplicações a curto prazo a temperaturas de evaporação médias.

Richardson (1994) fez experiências com as misturas de refrigerantes propano/isobutano num sistema de compressão de vapor fechado R12. Os resultados revelaram que as misturas seleccionadas podem ser utilizadas numa configuração R12 inalterada. Estas misturas de refrigerantes proporcionaram um COP melhorado em condições de funcionamento idênticas.

Hammad (1999) experimentou os parâmetros de desempenho de um frigorífico doméstico no limite do evaporador, a potência do compressor, o desempenho e a taxa de arrefecimento, com diferentes proporções de propano, butano e isobutano (100%), propano, butano, isobutano (75% / 19,1% / 5,9%), propano, butano, isobutano (50% / 38,3% / 11,7%) e propano, butano, isobutano (25% / 57,5% / 17,5%) como outra opção ao frigorífico doméstico R-12. A partir dos testes, verificou-se que o desempenho do sistema era aceitável com a mistura selecionada de refrigerante alternativo sem qualquer modificação do sistema existente.

Mao-Gang et al. (2005) realizaram um ensaio num frigorífico doméstico com uma mistura de refrigerante 1,1-difluoroetano/penta-fluoroetano (HFC152a/HFC125). Os resultados revelaram que as novas misturas podem ser utilizadas como substituto do CFC12, em 85/15 wt% para utilizações energéticas ideais e resultados ideais.

Fatouh (2006) realizou uma investigação sobre o gás de petróleo liquefeito como substituto do R134a num frigorífico doméstico. Foram efectuados testes de funcionamento contínuo e de ciclos utilizando vários comprimentos de tubo capilar e diferentes cargas de R134a e GPL. Os resultados demonstraram que o R134a requer um comprimento de capilar de 4 m e o GPL de 4,0 m a 6,0 m. Relativamente à carga do refrigerante, a carga de 100 g para o R134a e 50 g de GPL proporcionou um melhor desempenho. A utilização de energia eléctrica foi menor com uma mistura de 60 g de GPL e um comprimento de tubo de 5 m. Foi obtido um aumento de 7,6% no coeficiente de desempenho da refrigeração doméstica que funciona com GPL do que com R134a. A partir dos resultados, pode concluir-se que o GPL pode ser utilizado como alternativa ao R134a em sistemas de refrigeração doméstica.

Moo-Yeon Lee et.al (2008) realizaram uma análise num frigorífico de capacidade mínima utilizando a mistura de R600a e R290 com uma porção de massa de 45:55 como substituto do R134a. A carga do refrigerante e o comprimento do capilar foram otimizados para R600a/R290 (45/55) e R134a, e então, o teste de extração e o teste de utilização de energia foram feitos. A carga de refrigerante optimizada necessária para as novas misturas de refrigerante era apenas cerca de metade da do R134a.

Ching-Song Jwo et.al (2009) examinaram a mistura de R290 e R600a (90 g) com cada proporção de meia parte como uma substituição de 150 g de R134a de 440 frigoríficos domésticos de 17 litros. O teste demonstrou que o efeito de refrigeração foi melhorado e o consumo agregado de energia foi poupado em 4,4%.

Mohanraj (2009) utilizou misturas de hidrocarbonetos refrigerantes R600a e R290 na proporção de 54,8:45,2 como alternativa ao R134a em frigoríficos domésticos. Os testes de funcionamento contínuo foram executados sob várias temperaturas ambiente e os testes de funcionamento cíclico foram efectuados a 32°C de temperatura ambiente. Os resultados confirmaram que os fluidos frigoríficos à base de hidrocarbonetos têm menores taxas de utilização de energia e um elevado coeficiente de desempenho, aumentando o comprimento do tubo de expansão em cerca de 25%. Observou-se que a temperatura de descarga das misturas de hidrocarbonetos é inferior à do R134a, pelo que a vida útil do compressor pode ser aumentada. As experiências demonstraram que os refrigerantes R290 e R600 podem ser uma alternativa adequada ao R134a.

Rasti et.al (2012) fizeram experiências para encontrar uma alternativa para o R134a com o R436A (uma mistura de R600a e R290 com uma proporção em massa de 44/56) no sistema de refrigeração doméstica. Os resultados demonstraram que a utilização de energia foi reduzida em 13% e, além disso, a carga do R436A foi inferior em 48% à do R134a. O registo de eficiência energética do frigorífico também foi melhorado.

Navarro-Esbri (2013) utilizou o R1234yf num sistema de compressão de vapor como substituto do R134a. Os exames foram efectuados diferindo a velocidade do compressor, a temperatura de condensação, o grau de sobreaquecimento e a temperatura de evaporação. Foi relatado que, para o R1234yf, o limite de arrefecimento foi cerca de 9% inferior e o COP foi cerca de 19% inferior ao do R134a na gama examinada.

Jatinder Gill et.al (2017) explorou a execução do sistema de refrigeração por compressão de vapor com GLP e mistura de refrigerante R134a em proporções de 72:28 em peso como substituto do R134a. Os testes foram realizados em condições ambientais controladas e para várias temperaturas do evaporador e do condensador. Os resultados demonstraram que a mistura de fluido frigorigéneo escolhida tinha um coeficiente de desempenho 15,1-17,82% mais elevado e uma temperatura de descarga do compressor 2,10-13,86% mais baixa quando comparada com o R134a. A mistura de R134a/LPG foi boa e o óleo mineral como lubrificante também teve um bom desempenho.

Pavel Makhnatch et.al (2017) efectuou uma experiência num sistema de refrigeração que funciona com o refrigerante R134a, utilizando R450A que é uma combinação de R134a e R1234ze(E). As temperaturas de dissipação partiram de -15°C a 12,5°C e temperatura de recolhimento de 25°C, 30°C e 35 °C. Os resultados revelaram que a modificação da válvula de extensão termostática deu o COP e o limite de arrefecimento normal do R450A como sendo 2,9% e 9,9% inferiores ao R134a. O R450a tinha uma temperatura de descarga do compressor mais elevada em comparação com o R134a.

Mafi (2009) efectuou uma análise exergética numa aplicação a baixa temperatura de estruturas de refrigeração em cascata de múltiplos estágios utilizadas como parte de fábricas de olefinas. A dizimação da exergia e a eficácia da exergia para peças principais como compressores, permutadores de calor e válvulas de expansão foram determinadas utilizando valores de entrada de trabalho reais. Concluiu-se que a análise exergética do sistema de refrigeração mostrou uma irreversibilidade significativa no compressor devido às suas perdas, forças motrizes sobre os permutadores de calor e infortúnios devido à perda de refrigerante. A eficácia exergética geral do sistema em cascata é de 30,88%, demonstrando uma incrível possibilidade de mudanças.

Bukola O Bolaji (2010) testou a exergia de um frigorífico doméstico utilizando R134a e R152a como alternativa ao R12 numa instalação de refrigeração local. O resultado demonstrou que o R152a teve um desempenho superior ao do R134a em termos de COP, eficácia exergética e destruição de exergia. A maior eficácia exergética e a menor destruição foram obtidas utilizando o R152a no sistema. As perdas de produtividade mais elevadas no compressor, seguidas do evaporador e do tubo capilar, foram obtidas com a utilização do refrigerante R134a. Na maior parte dos casos, o sistema de refrigeração doméstica preferiu utilizar o R152a em vez do R12 e do R134a como líquidos de trabalho.

Mahmood Mastani Joybari (2013) efectuou uma análise exergética para investigar a execução de um frigorífico doméstico inicialmente fabricado para utilizar R134a com 145g e R600a com 60g. A destruição de exergia foi maior no compressor. A seguir ao compressor, o condensador teve a destruição de exergia mais elevada, seguindo-se o tubo capilar, o evaporador e a serpentina de sobreaquecimento. Utilizou-se a técnica de Taguchi para determinar a dizimação da exergia. A partir da técnica de Taguchi, os resultados revelaram que, em condições óptimas, eram necessários 50 g de carga de R600a, cerca de metade da carga inferior à do R134a. Os resultados da análise exergética revelaram que o componente com maior destruição de exergia foi o compressor. A seguir ao compressor, o componente com maior destruição de exergia foi o condensador.

Jatinder Gill et.al (2017) efectuaram experiências no sistema de refrigeração por compressão de vapor R134 com GPL e mistura de refrigerante R134a na proporção de peso de 72:28. As experiências foram realizadas em condições ambientais controladas, variando as temperaturas do evaporador e do condensador. Os resultados demonstraram que a mistura dos refrigerantes GPL e R134a tem estimativas mais elevadas de desempenho e eficiência exergética do que o R134a. Os valores COP foram de cerca de 10,57-15,28% e a eficiência exergética foi de cerca de 6,60 %-11,40%, individualmente. A importância da estrutura de inferência neuro-fluffy adaptável (ANFIS) para antecipar o COP, a obliteração exergética total e a rentabilidade exergética do sistema GPL / R134a foi igualmente investigada utilizando a informação de teste. O modelo ANFIS criado para a estrutura concordou bem com o teste com fração absoluta de variância (R2) no escopo de 0,994-0,998, um erro quadrático médio (RMSE) no escopo de 0,0018-0,1907. Os resultados propõem que a abordagem ANFIS pode ser utilizada eficazmente na antecipação da eficiência das estruturas de refrigeração por compressão de vapor.

.

3. MATERIAIS E MÉTODO

3.1 DIAGRAMA ESQUEMÁTICO DA INSTALAÇÃO EXPERIMENTAL

Um diagrama esquemático é uma representação visual de um sistema ou processo usando símbolos e linhas para ilustrar os componentes e conexões. No contexto da configuração experimental para determinar o coeficiente de desempenho (COP) de um sistema de refrigeração que utiliza um refrigerante alternativo, um diagrama esquemático mostraria a disposição dos componentes (compressor, condensador, evaporador, etc.), ligações de tubagens, sensores, medidores e outros elementos do sistema. Fornece uma visão geral clara e concisa da configuração experimental, ajudando os investigadores a compreender e a comunicar a configuração de forma eficaz.

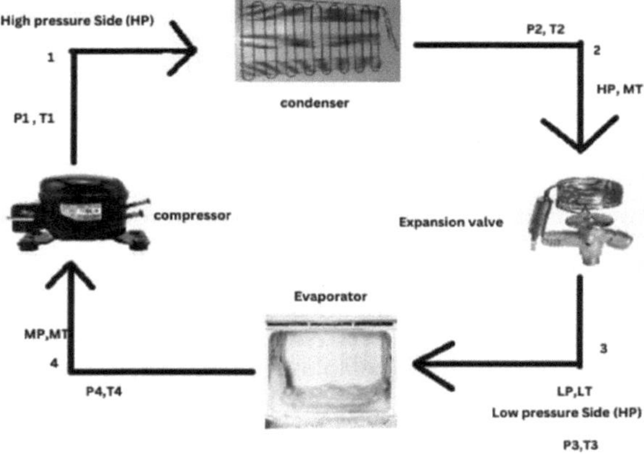

Fig 3.1 DIAGRAMA ESQUEMÁTICO DA INSTALAÇÃO EXPERIMENTAL

3.2 VISTA FOTOGRÁFICA DA INSTALAÇÃO EXPERIMENTAL

No contexto da experiência para determinar o coeficiente de desempenho (COP) de um sistema de refrigeração que utiliza um refrigerante alternativo, uma vista fotográfica envolveria a captura de uma imagem real da configuração experimental. Esta fotografia forneceria uma representação visual da forma como os componentes estão dispostos e ligados no ambiente do mundo real.

Fig 3.2 Instalação experimental

3.3 COMPONENTES EXPERIMENTAIS

Um sistema de refrigeração por compressão de vapor é composto pelos seguintes componentes:

- Compressor

- Condensador

- Dispositivo de expansão

- Filtro

- Evaporador

- Manómetro

- Indicadores de temperatura

3.3.1 COMPRESSOR EXPERIMENTAL

Um compressor de refrigeração é um componente chave nos sistemas de refrigeração e ar condicionado, responsável pela circulação do refrigerante e pela manutenção do diferencial de pressão do sistema, o que facilita a transferência de calor. Os compressores existem em vários tipos, incluindo alternativos, rotativos, de parafuso e centrífugos, cada um deles adequado a aplicações e requisitos de desempenho específicos.

Fig 33 Compressor experimental

3.3.2 CONDENSADOR EXPERIMENTAL

O condensador num VCRS é colocado na parte de trás do sistema de refrigeração. O condensador consiste num tubo de cobre de diâmetro muito pequeno, através do qual o refrigerante de alta temperatura flui do compressor. O refrigerante entra em contacto com o ar atmosférico e, por isso, é arrefecido, libertando o calor para o ambiente, e o refrigerante passa para a válvula de expansão.

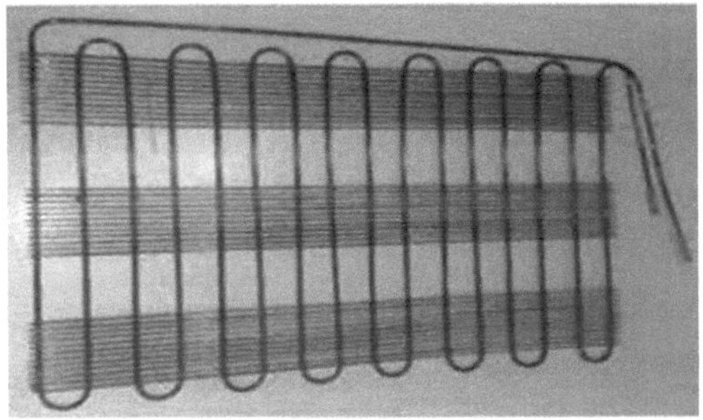

Fig 3.4 Condensador experimental

3.3.3 DISPOSITIVO DE EXPANSÃO EXPERIMENTAL

O refrigerante que sai do condensador entra na válvula de expansão. À medida que o refrigerante passa através do tubo capilar, a pressão e a temperatura do refrigerante descem subitamente. Depois de passar pelo tubo capilar, o refrigerante de baixa pressão e baixa temperatura entra no evaporador

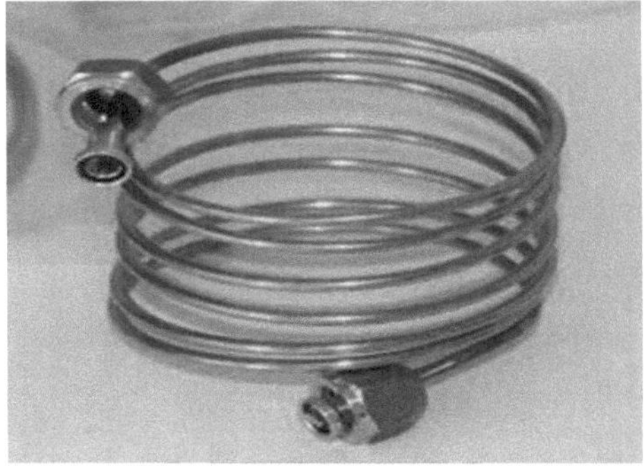

Fig 3.4 Dispositivo de expansão experimental

3.3.4 FILTRO EXPERIMENTAL

Quaisquer impurezas presentes nos refrigerantes (ou) quaisquer impurezas introduzidas no momento do carregamento podem causar o bloqueio do fluxo de refrigerante. Assim, para obstruir quaisquer impurezas presentes no sistema, é utilizado um filtro. O filtro está localizado entre o condensador e a válvula de expansão (tubo capilar) no ciclo de refrigeração. O refrigerante encontra-se no estado líquido após o condensador, pelo que é facilmente filtrado no filtro. O diâmetro do capilar é muito pequeno, cerca de 0,95 mm. Por isso, é necessário filtrar todas as impurezas antes de entrar nele. Nesta experiência, é utilizado um filtro pesado

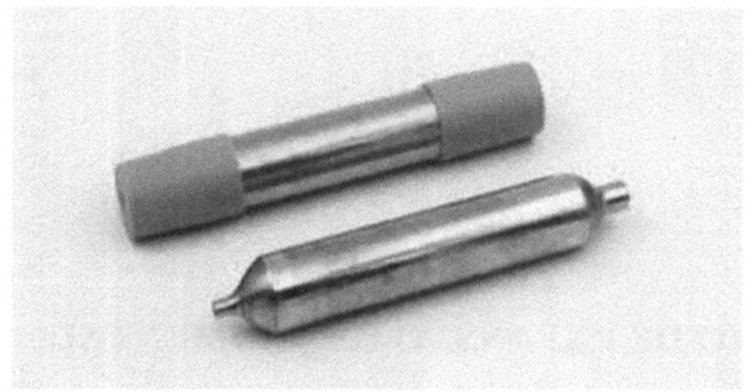

Fig 3.6 Filtro experimental

3.3.5 EVAPORADOR EXPERIMENTAL

O evaporador é o espaço a arrefecer e é constituído por algumas voltas de tubos de cobre ou alumínio. O líquido de refrigeração a baixa pressão e temperatura entra no evaporador. O líquido refrigerante absorve o calor da substância a arrefecer no evaporador, proporcionando assim um efeito de arrefecimento. O vapor é então enviado para o compressor e este ciclo continua.

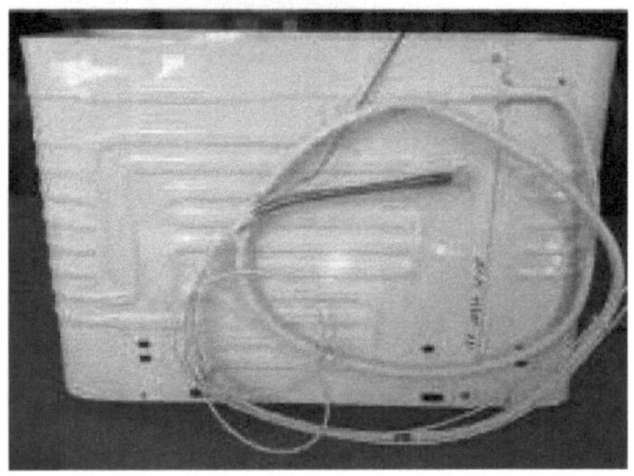

Fig 3.7 Evaporador experimental

3.3.6 MANÓMETROS EXPERIMENTAIS

Os manómetros de refrigeração são instrumentos essenciais utilizados na indústria de AVAC (Aquecimento, Ventilação e Ar Condicionado) para monitorizar e regular os níveis de pressão nos sistemas de refrigeração. Estes manómetros desempenham um papel crucial na manutenção da eficiência, segurança e longevidade do equipamento de refrigeração. Os manómetros de pressão de refrigeração são ferramentas indispensáveis para os técnicos e engenheiros de AVAC. Ao fornecerem leituras de pressão em tempo real, asseguram o funcionamento eficiente e seguro dos sistemas de refrigeração, contribuindo para a otimização do desempenho e a longevidade do equipamento. Compreender e interpretar com precisão as leituras do manómetro é crucial para manter a funcionalidade e a fiabilidade dos sistemas de refrigeração em várias aplicações.

a) Manómetros de aspiração (ou) baixa pressão.

É utilizado no lado de baixa pressão do sistema de refrigeração por compressão de vapor. Um manómetro composto pode verificar a pressão tanto acima como abaixo da pressão atmosférica. O mostrador de um manómetro padrão é graduado para registar uma gama de pressão de -30 a 250 psi.

Fig 3.8 Manómetros de baixa pressão

b) Manómetros de descarga (ou) de alta pressão

O manómetro de pressão de descarga está instalado no lado de alta pressão do sistema de refrigeração por compressão de vapor. É graduado para registar uma gama de pressão de 0 a 500 psi.

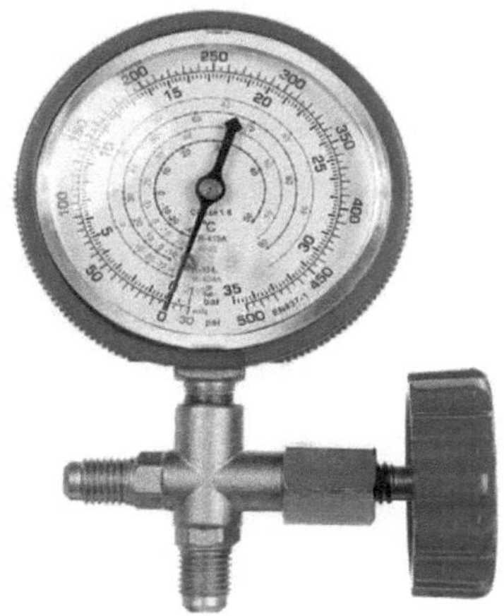

Fig 3.9 Manómetros de alta pressão

3.3.7 INDICADORES EXPERIMENTAIS DE TEMPERATURA

Os termopares são utilizados para medir a temperatura do refrigerante em diferentes condições no presente trabalho experimental, são utilizados cinco termopares. São utilizados indicadores digitais de temperatura para determinar as temperaturas

• Temperatura de saída do evaporador

• Temperatura de saída do compressor

• Temperatura de saída do condensador

• Temperatura do descongelador

3.4 PROCEDIMENTO EXPERIMENTAL

Com certeza! Aqui está um procedimento experimental detalhado para o projeto "Exploring the Viability of R290 as a Substitute for R134a in Cold Storage Refrigeration Systems: Um estudo experimental":

1. Configuração e calibração do sistema:

- Montar o sistema de refrigeração com componentes como o compressor, o condensador, o evaporador, a válvula de expansão e as tubagens associadas.
- Assegurar que todos os componentes estão corretamente calibrados e em boas condições de funcionamento.

2. Seleção e preparação das condições de ensaio:

- Determinar a gama de condições de funcionamento a serem testadas, incluindo variações nos caudais de refrigerante, temperaturas do evaporador e condições ambientais.
- Preparar a instalação experimental para acomodar estas condições de ensaio.

3. Medições de linha de base:

- Medir e registar a temperatura inicial no interior da câmara frigorífica utilizando sensores de temperatura.
- Registar a temperatura e a humidade ambiente para referência.
- Medir e registar o consumo de energia eléctrica do compressor utilizando um medidor de potência.

4. Estabilização:

- Ligar o sistema de refrigeração e deixá-lo estabilizar durante um período suficiente para atingir o funcionamento em estado estacionário.
- Assegurar que o sistema funciona à temperatura de referência desejada no interior da câmara frigorífica.

5. Recolha de dados:

• Monitorizar e registar continuamente a temperatura no interior da câmara frigorífica utilizando sensores de temperatura.

• Medir e registar o consumo de energia eléctrica do compressor a intervalos regulares durante a experiência.

• Registar quaisquer flutuações nas condições de funcionamento e nos parâmetros do sistema.

6. Cálculo da transferência de calor:

• Calcular a capacidade de refrigeração do sistema de refrigeração com base nas medições de temperatura no interior da câmara frigorífica e nas propriedades de transferência de calor conhecidas do refrigerante.

• Determinar a taxa de transferência de calor da câmara frigorífica para o meio envolvente.

7. Cálculo da potência do compressor:

Calcular a potência média do compressor com base no consumo de energia eléctrica medido durante o funcionamento.

8. Cálculo do COP:

• Utilizar a fórmula: COP= EFEITO DE REFRIGERAÇÃO / TRABALHO EFECTUADO

• Introduza os valores da capacidade de arrefecimento e da potência do compressor para calcular o COP.

9. Repetição e variação:

• Repetir a experiência em diferentes condições de funcionamento para avaliar o COP em vários cenários.

• Assegurar procedimentos consistentes de recolha e análise de dados para cada ensaio experimental.

10. Precauções de segurança:

- Seguir todos os protocolos e directrizes de segurança ao trabalhar com sistemas de refrigeração e refrigerantes alternativos.
- Usar equipamento de proteção individual adequado e assegurar uma ventilação apropriada na área experimental.

11. Análise e interpretação de dados:

- Analisar os resultados obtidos nas experiências para avaliar o desempenho do sistema de refrigeração utilizando o R290 como substituto do R134a.
- Comparar os valores COP com os do R134a para avaliar a eficácia do R290 como fluido frigorigéneo alternativo.

12. Documentação:

- Registar com exatidão todos os dados experimentais, cálculos e observações para referência e análise futura.
- Documentar quaisquer problemas encontrados durante a experiência e registar potenciais áreas de melhoria.

Seguindo este procedimento experimental pormenorizado, os investigadores podem avaliar eficazmente a viabilidade do R290 como substituto do R134a em sistemas de refrigeração de câmaras frigoríficas e determinar o seu coeficiente de desempenho em várias condições de funcionamento.

4. RESULTADOS E DISCUSSÃO

4.1 R134a REFRIGERANTE

O R134a é também designado por tetrafluoroetano (CF3CH2F) e pertence ao grupo dos fluidos frigorigéneos HFC. Devido ao impacto nocivo dos refrigerantes CFC e HCFC no ambiente, o grupo de refrigerantes HFC tem sido utilizado em sua substituição. O R134a está atualmente a ser utilizado em frigoríficos domésticos e no domínio dos compressores de parafuso rotativo e scroll como alternativa ao R12, que é um fluido refrigerante CFC. O R134a tem muitas propriedades desejáveis, como ser não tóxico, não corrosivo e não inflamável. O R134a existe como gás, uma vez que a temperatura de ebulição é de - 26,1°C. O R134a tem um ODP nulo, mas tem um GWP elevado. Por conseguinte, o R134a tem de ser substituído. As propriedades do R134a são apresentadas na Tabela 4.1.

4.1.1 tabela de propriedades para o R134a

No.	Properties	R134a
1	Boiling Point	-26.1°C
2	Freezing Point	-104°C
3	Auto-Ignition Temperature	770°C
4	Ozone Depletion	0
5	Global Warming Potential	1200
6	Solubility in Water	0.11% by weight at 25°C
7	Critical Temperature	122°C
8	Critical Pressure	4.06MPa
9	Latent Heat	216.87kJ/kg
10	Molecular Weight	102g/mol
11	Cylinder Color Code	Light blue

TABULAÇÃO

L.P (psi)	H.P (psi)	T 1	T 2	T 3	T 4
10	310	60°c	40°c	-10°c	18°c

Tabela 4.2 MEDIDA DE DESEMPENHO DO REFRIGERANTE R134a

4.1.2 CÁLCULO DO COP PARA O REFRIGERANTE R134a

P1=310/14,5 = 21,37 ⇒ 22 bar

P2=10/14.5 = 0.689 ⇒ 0.7 bar T1= 60°c ,T2= 45°c

T3= -10°c , T4= 18°c h1= 290 ,h2= 255

h3= 190 ,h4= 230

COP = EFEITO DO REFRIGERANTE / TRABALHO EFECTUADO

=h1-h4 / h1-h2

=290-230 / 290-225 ⇒ 60 / 35

$$\boxed{COP = 1.71}$$

4.2 REFRIGERANTE R290

O R290, também designado por CARE 40, é propano de grau refrigerante. A utilização do R290 está a expandir-se devido aos seus reduzidos efeitos adversos no ambiente e ao seu fantástico desempenho termodinâmico. É um fluido refrigerante com potencial zero de destruição da camada de ozono (ODP) e baixo potencial de aquecimento global (GWP). É um fluido frigorigéneo inflamável. As propriedades do R290 são apresentadas no Quadro 4.2

4.2.1 TABELA DE PROPRIEDADES PARA R290

S.No.	Properties	R290
1	Boiling Point	- 42.1°C
2	Freezing Point	-188°C
3	Ozone Depletion	0
4	Global Warming Potential	20
5	Critical Temperature	96.8°C
6	Critical Pressure	4.25MPa
7	Latent Heat	421.4kJ/kg
8	Molecular Weight	44.10g/mol
9	Accepted Exposure Limit of Lethality	1000 ppm

Quadro 4.3 TABELA DE PROPRIEDADES DO R290

TABULAÇÃO

L.P (psi)	H.P (psi)	T 1	T 2	T 3	T 4
16	290	58°c	42°c	-9°c	25°c

Quadro 4.4 MEDIDA DE DESEMPENHO DO REFRIGERANTE R290

4.2.2 CÁLCULO DE CÓPIAS PARA O REFRIGERANTE R290

$P1=290/14{,}5 \Rightarrow 20$bar $P2=16/14{,}5 \Rightarrow 1{,}1$ bar $T1= 58°c$, $T2= 42°c$ $T3= -9°c$ $T4=25°c$ $h1=360$, $h2= 310$ $h3=175$, $h4= 275$

COP = EFEITO DO REFRIGERANTE / TRABALHO EFECTUADO

=h1-h4 / h1-h2

=360-275 / 360-310 ⇒85 / 50

COP = 1.7

4.3 REFRIGERANTE DE MISTURA R134a (60%) + R290 (40%)

Um fluido frigorigéneo de mistura é uma mistura de dois ou mais fluidos frigorigéneos individuais concebidos para terem propriedades termodinâmicas e características de desempenho específicas. Este processo de mistura é frequentemente efectuado para criar fluidos frigorigéneos que ofereçam vantagens em relação aos fluidos frigorigéneos de componente único, tais como maior eficiência, menor impacto ambiental e melhor compatibilidade com o equipamento existente.

TABULAÇÃO

L.P (psi)	H.P (psi)	T 1	T 2	T 3	T 4
24	260	74°c	50°c	-4°c	15°c

Quadro 4.5 MEDIDA DE DESEMPENHO DO REFRIGERANTE DE

MISTURA R134a (60%) + R290 (40%)

4.3.1 CÁLCULO DO COP PARA O REFRIGERANTE DE MISTURA R134a (60%) + R290 (40%)

P1=260/14.5 = 17.93 ⇒ 18bar P2=16/14.5 = 1.65 ⇒ 1.7 bar T1=74°c ,T2= 50°c

T3= -4°c ,T4=15°c

h1=400 ,h2= 325

h3=170 ,h4= 245

COP = EFEITO DO REFRIGERANTE / TRABALHO EFECTUADO

=h1-h4 / h1-h2

=400-245 / 400-325 ⇒250/ 75

$$\boxed{\textbf{COP} = \textbf{3.3}}$$

4.4 comparação do coeficiente de desempenho

R134a	R290	REFRIGERANTES DE MISTURA R134a (60%) + R290 (40%)
1.71	1.7	3.3

Quadro 4.6 COMPARAÇÃO DO COP

4.4.1 Desempenho

Os fluidos frigorigéneos de mistura são concebidos para terem características de desempenho específicas, adaptadas para satisfazer os requisitos de diferentes aplicações. Podem oferecer uma maior eficiência e um melhor desempenho em determinadas condições de funcionamento, em comparação com os fluidos frigorigéneos de componente único.

4.4.2 Impacto ambiental

Os fluidos frigoríficos de mistura R134a (60%) + R290 (40%) são formulados para terem um potencial de aquecimento global (GWP) e um potencial de destruição da camada de ozono (ODP) mais baixos em comparação com os fluidos frigoríficos tradicionais de componente único. Isto torna-os mais amigos do ambiente e em conformidade com os regulamentos destinados a reduzir as emissões de gases com efeito de estufa e a proteger a camada de ozono.

4.4.3 Segurança

As características de segurança das misturas de fluidos frigorigéneos dependem dos componentes individuais utilizados na mistura. Os fabricantes seleccionam cuidadosamente os fluidos frigorigéneos com propriedades compatíveis para garantir um manuseamento, armazenamento e funcionamento seguros. No entanto, as misturas podem introduzir considerações de segurança adicionais devido ao potencial de separação dos componentes ou à variação dos perfis de inflamabilidade e toxicidade.

4.4.4 Compatibilidade

Os fluidos frigorigéneos de mistura são concebidos para serem compatíveis com o equipamento existente, lubrificantes e materiais normalmente utilizados em sistemas de refrigeração. No entanto, podem surgir problemas de compatibilidade em alguns casos, particularmente com equipamentos mais antigos ou aplicações especiais.

4.4.5 Custo

O custo das misturas de fluidos frigorigéneos pode variar em função de factores como a disponibilidade de matérias-primas, os processos de fabrico e a procura do mercado. Em alguns casos, as misturas de fluidos frigorigéneos podem ser mais caras do que os fluidos frigorigéneos de componente único devido à complexidade da formulação e da produção.

5. CONCLUSÃO

A experiência foi efectuada comparando os refrigerantes R134a , R290 e as misturas R134a / R290 modificadas, observando-se que o coeficiente de desempenho aumenta para 3,3. O sistema VCR modificado com o R134a e R290 na saída do condensador. Comparando os refrigerantes R134a, R290 e as misturas R134a/R290 com o sistema modificado, observa-se uma diminuição de 0,11 no consumo de energia. Por conseguinte, recomenda-se a substituição do R290 por refrigerantes misturados. Estes dão um aumento da pressão de descarga e do efeito de refrigeração, reduzem o trabalho efectuado pelo compressor com misturas de refrigerantes R134a/R290.

REFERÊNCIAS

1. Adrian Mota-Babiloni, Joaquín Navarro-Esbri, Ángel Barragan, Francisco Moles & Bernardo Peris, 2013, "Drop-in energy performance evaluation of R1234yf and R1234ze(E) in a vapour compression system as R134a replacements", Applied Thermal Engineering, vol. 71, pp. 259-265.

2. Ahamed, JU, Saidur R & Masjuki, HH, 2011, "A review on exergy analysis of vapour compression refrigeration system", Renewable and Sustainable Energy Reviews, vol.15, pp.5931-6000.

3. Al-Alili, A, Hwang, Y & Radermacher, R 2014, "Review of solar thermal air conditioning technologies", International Journal of Refrigeration, vol.39, pp.14-22.

4. Ali Riza Motorcu , Salih Coskun & Sener Karabulut, 2018, "Efeitos dos fatores de controlo nas temperaturas de funcionamento de uma bomba de calor mecânica na recuperação de calor residual: Evaluation Using the Taguchi Method", Thermal Science, vol. 22, no. 1, pp. 205-222.

5. Sociedade Americana de Engenheiros de Aquecimento, Refrigeração e Ar Condicionado. 2010 ASHRAE Handbook: Refrigeração. ASHRAE (2010).

6. Anand, S & Tyagi, S 2012, "Exergy analysis and experimental study of a vapour compression refrigeration cycle", Journal of Thermal Analysis and Calorimetry, vol. 110, pp. 961-971.

7. Anand, S, Gupta, A & Tyagi, SK 2013, "Simulation studies of refrigeration cycles: A Review", Renewable and Sustainable Energy Reviews, vol. 17, pp. 260-277.

8. Areaklioglu, E, Cavusoglu, A & Erisen, A 2005, "An algorithmic approach towards finding better refrigerant substitutes of CFCs on terms of the second law of thermodynamics", Energy Conversion and Management, vol. 46, pp. 1595-1611.

9. Ayala, R, Heard, CL & Holland, FA 1997, "Ciclo de refrigeração por absorção/compressão de amoníaco/nitrato de lítio. Parte I. Simulação", Applied

Thermal Engineering, vol. 17, pp. 223- 233.

10. Azzouz, K. Leducq, D & Gobin D 2009, "Enhancing the performance of household refrigerators with latent heat storage, An experimental investigation", International Journal of Refrigeration, vol. 32, pp. 1634- 1644.

11. Bansal, PK 2003, "Developing new test procedures for domestic refrigerator: harmonizing issues and future R&D needs a review, International Journal of Refrigeration, vol. 26, pp. 735-748.

12. Barhoumi, M, Ezzine, NB & Bellagi, A 2009, "Exergy analysis of an ammonia- water absorption system", International Journal of Exergy, vol. 6, pp. 698-714.

13. Baskaran, A & Koshy Mathews, P 2012, "A Performance comparison of vapour compression refrigeration system using various alternative refrigerants", International Journal of Scientific & Engineering Research, vol. 3, pp.1-6.

14. Belman-Flores, JM, Rodríguez-Muñoz, AP, Gutiérrez Pérez-eguera, C & Mota-Babiloni, A 2017, "Experimental study of R1234yf as a dropin replacement for R134a in a domestic refrigerator", International Journal of Refrigeration, vol. 81, pp. 1-11.

15. Belman-Flores, JM, Barroso-Maldonado, Sergio Ledesma, V, PérezGarcía, J & Alfaro-Ayala, A 2018, "Exergy assessment of a refrigeration plant using computational intelligence based on hybrid learning methods, International Journal of Refrigeration, vol. 88, pp. 35-44.

16. Bilal, A, Akash A & Said, 2003, "Assessment of LPG as a possible alternative to R-12 in domestic refrigerators", Energy Conversion Management, vol.44, pp.381-388.

17. Bolaji, BO, 2010, "Exergetic performance of a domestic refrigerator using R12 and its alternative refrigerants", Journal of Engineering Science and Technology, vol. 5, pp. 435-446.

18. Bouaziz, N & Lounissi, D 2015, "Energy and exergy investigation of a novel double effect hybrid absorption refrigeration system for solar cooling", International Journal of Hydrogen Energy, vol. 40, no. 39, pp. 13849-13856.

19. Cabello, Sánchez, D, Llopis, R, Arauzo, I & Torrella, E, 2015,Experimental comparison between R152a and R134a working in a refrigeration facility equipped with a Hermetic compressor", International Journal Refrigeration", vol. 60, pp. 92-105.

20. Ching-Song Jwo, Chen-Ching Ting & Wei-Ru Wang, 2009, "Efficiency analysis of home refrigerators by replacing hydrocarbon refrigerants", Measurement, vol. 42, no. 5, pp. 697-701.

21. Chinnappa, JCV, Crees, MR., Srinivasa Murthy, G & Srinivasan, K, 1993, Solar assisted vapour compression/absorption cascaded airconditioning systems", Solar Energy, vol. 50, pp. 453-458.

22. Chung-zuwei, Yu-Tsal Lin, Chi-Chuan Wang & Jin-chengLeu 1999, "An experimental study of the performance of capillary tubes for R-407C refrigerant, ASHRAE Transactions, Part II, pp. 634-638.

23. Ciro Aprea, Adriana Greco & Angelo Maiorino 2013, "The substitution of R134a with R744: An exergetic analysis based on experimental data", International Journal of Refrigeration, vol. 36, pp. 2148-2159.

24. Comakli, O, Celik, C & Erdogan, S 1999, "Determination of optimum working conditions in heat-pumps using nonazeotropic refrigerant mixtures", Energy Conversion Management, vol. 40, pp. 193-203.

25. Dalkilic, AS & Wongwises, S, 2010, "A performance of vapourcompression refrigeration system using various alternative refrigerants", International Communication in Heat and Mass Transfer vol.37 pp.1340-1349.

26. Dietrich, W 1993, "A positive outlook for the future", ASHRAE Journal, vol. 35, pp. 64-65.

27. Dongsoo Jung, Chong-Bo Kim, Kilhong Song & Byoungjin Park, 2000, "Testing of propane/isobutane mixture in domestic refrigerators", International Journal of Refrigeration, vol. 23, no. 7, pp. 517-527.

28. Eicker, U, Colmenar-Santos, A, Teran, L, Cotrado, M & Borge-Diez, D 2014,Economic evaluation of solar thermal and photovoltaic cooling systems

through simulation in different climatic conditions: Uma análise em três cidades diferentes na Europa", Energy and Buildings, vol. 70, pp. 207-223.

29. Eric Granryd 2001, "Hydrocarbons as refrigerants-a overview", International Journal of Refrigeration, vol. 24, pp. 15-24.

30. Erik B jork & Bjorn Palm, 2006, "Performance of a domestic refrigerator under influence of varied expansion device capacity refrigerant charge and ambient temperature", International Journal of Refrigeration, vol. 29, no. 5, pp. 789-798.

31. Fatouh, M & El Kafafy, M 2006, "Assessment of propane/commercial butane mixtures as possible alternatives to R134a in domestic refrigerators", Energy conversion Management, vol. 47, pp. 2644-2658.

32. Frank R Biancardi & Dennis R Pandy1997, "Modelling and testing of fractionation effects with refrigerant blends in an atual residential heat pump system", ASHRAE Transactions, PH-97-9-5, pp. 781-794.

33. Gaurav & Raj Kumar 2014, "Performance analysis of household refrigerants with alternate refrigerants", Innovative Research in Science Engineering and Technology, vol. 3, no. 4, pp. 1-8.

34. Giuseppe E Dino,Valeria Palomba & Eliza Nowak 2021, "Experimental characterization of an innovative hybrid thermal - electric chiller for industrial cooling and refrigeration applications", Applied Energy, vol. 281, no. 4, pp. 116091-8.

35. Glova, DJ 1984, "High temperature solubility of refrigerants in lubricating oil", ASHRAE Transactions, Part IIB, pp. 806-828.

36. Halimic, E, Ross, D, Agnew, B, Anderson, A & Potts, I 2003, "A comparison of the operating performance of the alternative refrigerants", Applied Thermal Engineering, vol. 23, pp. 1441-1451.

37. Hikmet Esen & EmreTurgut, 2015, "Optimization of operating parameters of a ground coupled heat pump system by Taguchi method", Energy and Buildings, vol. 107, pp. 329-334.

38. Horst Kruse & Florian Wies chollek, 1997, "Concentration Shift when using refrigerant mixtures", ASHRAE Transactions, PH-97-9-1, pp. 747-755.

39. Husnu, Emre Oguz & Arcelic AS 2006, "Transient modeling of flows through suction port and valve leaves of hermetic reciprocating compressors", Proceedings of the International compressor engineering conference, Purdue University, IN, USA.

40. Hwang, D Jin & Radermacher, R 2007, "Comparison of hydrocarbon R290 and two HFC blends for Walk in refrigeration systems", International Journal of Refrigeration, vol. 30, pp. 633-641.

Printed by Books on Demand GmbH, Norderstedt / Germany